CONFÉRENCE

SUR

L'HYPNOTISME

FAITE

A LA FACULTÉ DES SCIENCES

A L'OCCASION DE LA SÉANCE SOLENNELLE DE LA SOCIÉTÉ DE MÉDECINE

Le 1er Août 1887

Par le Docteur POUCEL

CHIRURGIEN DES HOPITAUX

MARSEILLE

TYPOGRAPHIE ET LITHOGRAPHIE BARLATIER-FEISSAT

Rue Venture, 19.

1887

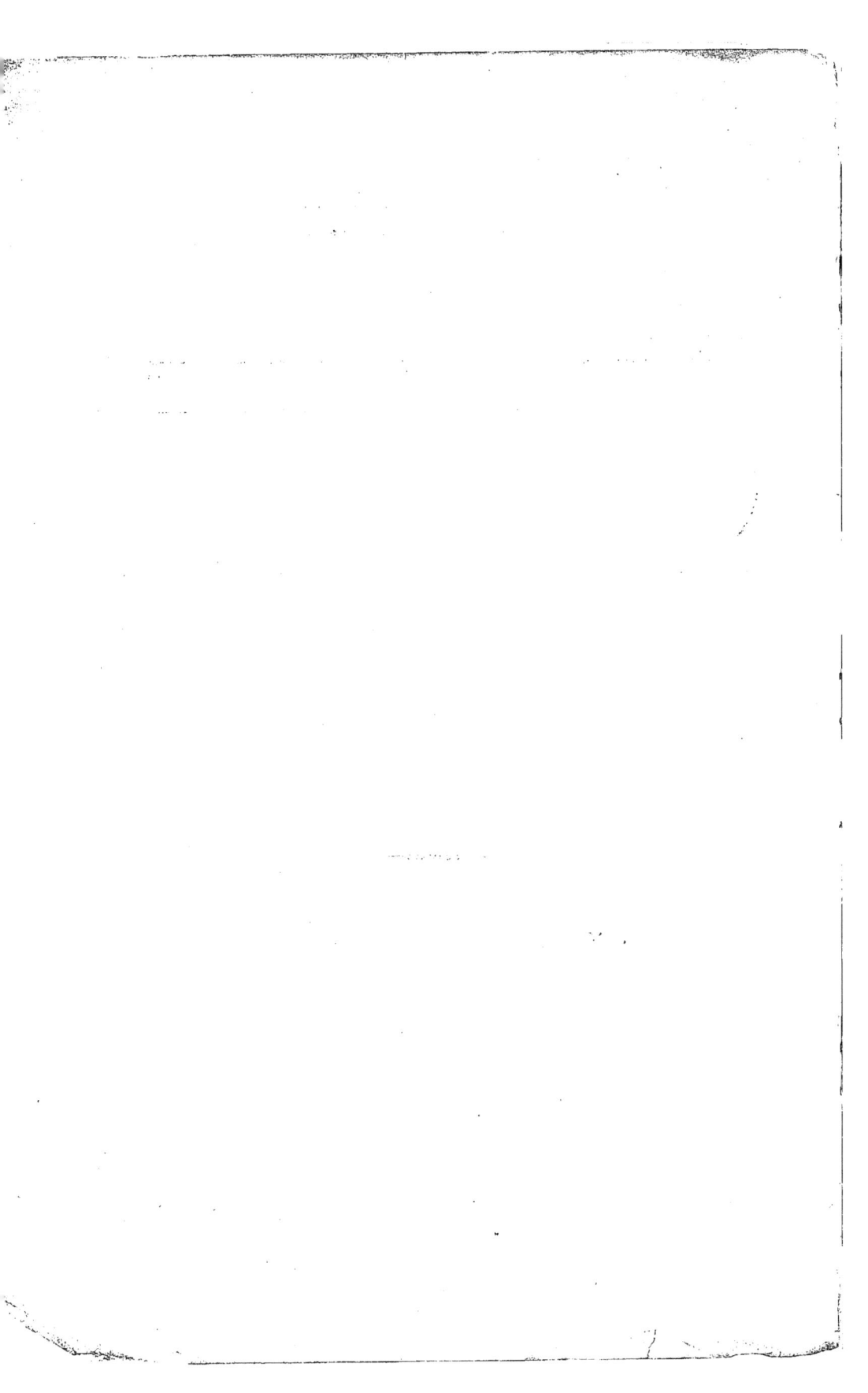

CONFÉRENCE

SUR

L'HYPNOTISME

FAITE

A LA FACULTÉ DES SCIENCES

A L'OCCASION DE LA SÉANCE SOLENNELLE DE LA SOCIÉTÉ DE MÉDECINE

Le 1er Août 1887

Par le Docteur POUCEL

CHIRURGIEN DES HÔPITAUX

MARSEILLE

TYPOGRAPHIE ET LITHOGRAPHIE BARLATIER-FEISSAT

Rue Venture, 19.

1887

CONFÉRENCE SUR L'HYPNOTISME

J'ai été chargé, par la Société de Médecine, de vous parler de l'hypnotisme ! Si quelqu'un s'était avisé, il y a dix ans seulement, d'exposer
et de soutenir devant un corps savant un des moindres faits dont je vais
avoir l'honneur de vous entretenir, les sarcasmes auraient clos le débat.
Depuis cette époque, chaque jour est marqué par une découverte
nouvelle — et nous sommes encore loin du terme ! Que l'on continue
dans cette voie et vous verrez dans dix ans ce que peut produire
l'affinement maladif du système nerveux, — à n'en pas douter, tous les
phénomènes étranges dont l'antiquité et le moyen-âge nous ont légué
le souvenir seront surpassés bientôt. Ceci équivaut à dire que pour
traiter de l'hypnotisme d'une façon un peu complète et bien voir sa
place dans le cadre de nos connaissances, il faudrait retracer l'histoire
du merveilleux dans l'humanité et ce n'est point un quart d'heure
d'attention que j'aurais à vous demander ; de longues dissertations
suffiraient à peine pour exposer — sans espoir de les résoudre — les
problèmes scientifiques, philosophiques et religieux, que soulève cette
question.

Je veux donc seulement en envisager les principaux aspects.

Dans une question de cette importance et dont les limites sont si
indécises, il faut dès le début éviter tout malentendu et dissiper toute
équivoque ; — à cet effet, nous prendrons pour base un principe qui
je l'espère ne sera pas contesté, c'est que le surnaturel vrai appartient

à la théologie et dépasse la compétence du médecin, tandis que le surnaturel subjectif relève de la pathologie. Or, dans le cours de ce travail les faits que je viserai, comme limite extrême, sont ceux où un état particulier du système nerveux produit un surnaturel subjectif, fictif, un pseudo-surnaturel diabolique ou divin que des esprits enclins à l'illusion et faciles à séduire prennent pour du surnaturel vrai !

Les phénomènes que nous avons à étudier sont, en effet, pour la plupart, si extraordinaires, si difficiles à analyser et à produire dans des conditions identiques, les troubles nerveux si variables d'un sujet à l'autre, les fonctions psychiques et morales tellement exaltées, perverties ou abolies que l'on conçoit sans peine l'opposition qui a existé et qui existe encore dans les interprétations.

Ajoutons à cela l'ignorance absolue des agents qui interviennent : l'âme et le corps. Qu'est-ce que l'âme ? Je crois bien qu'elle est la cause de tous les phénomènes de la vie ; qu'il n'existe pas de principe de vie distinct d'elle ; mais quant à définir ce qu'elle est, je n'en sais absolument rien, ni vous non plus, — c'est plus simple que de répondre avec Pythagore qu'elle est un nombre pourvu de la faculté de se mouvoir, ou avec Platon qu'elle est une substance spirituelle se mouvant par un nombre harmonique, ou de croire avec Héraclite qu'elle est une exhalaison, ou avec Empédocle, Démocrite, Leucide et Epicure, qu'elle est un mélange de je ne sais quoi de feu, de je ne sais quoi d'air, de je ne sais quoi de vent et d'un autre élément qui n'a pas de nom ! Serons-nous plus heureux dans nos définitions sur la matière ? N'y comptez pas ! Les discussions de Leibnitz et de ses contradicteurs sont trop présentes à votre esprit pour que je vous rappelle leur inutile longueur. Fénélon la définit un je ne sais quoi qui s'évanouit sous l'analyse ! et récemment une commission de savants demanda une définition à Léon XIII qui la refusa.

Ignorant donc l'âme et le corps, nous ne saurions dire où commence l'un où finit l'autre, et vouloir formuler en pareille matière c'est s'exposer à renouveler les trop célèbres *communications de l'inconnu à l'impénétrable dans l'incompréhensible !*

Ces considérations n'arrêtent pourtant pas les esprits, et sans hésitation, dans l'antiquité, le moyen-âge et les premiers siècles des temps modernes, on rattache tous les phénomènes dits merveilleux à l'âme et à des puissances immatérielles, surtout au démon, tandis que l'on tend de plus en plus aujourd'hui à en faire des manifestations normales ou morbides du système nerveux.

Avant d'entrer dans le cœur de la question, un coup d'œil rétrospectif nous montrera la place qu'occupe le merveilleux dans l'humanité.

Les ouvrages qui nous viennent de l'antiquité la plus reculée, chinois, chaldéens, égyptiens, juifs, grecs ou romains, et dont les citations se retrouvent dans tout travail quelque peu complet sur la matière, sont tellement riches en faits merveilleux que nous pouvons dire, sans crainte de contradiction, que le sujet que nous avons à traiter est inhérent à la nature de l'homme. Il est donc aussi ancien que lui puisqu'on le retrouve dans tous les temps, sur tous les points de la terre, non pas avec le nom moderne qu'il porte aujourd'hui mais sous des noms divers, sous des formes variées et mêlé à des sciences plus ou moins positives et plus ou moins occultes.

Ceux qui dans l'antiquité s'adonnaient à la pratique du merveilleux se servaient en effet de rudiments de mécanique, de physique et de chimie pour donner des preuves tangibles de leur supériorité. Afin d'accroître leur prestige, ils vivaient d'ordinaire dans des temples, loin du bruit des hommes et du bruit des choses. — Les effets surprenants qu'on leur voyait produire faisaient accepter ceux qu'on ne pouvait contrôler — ce qui leur valait de passer pour être en rapport avec la divinité.

De nos jours, ceux qui se livrent à l'exploitation publique du merveilleux ne font pas autrement — rien n'est changé : la pythonisse au trépied magique est devenue la vulgaire somnambule et aux prêtres des dieux ont succédé les physico-prestidigitateurs.

Le passage suivant d'Alpinus dans la médecine des Égyptiens prouve bien la part qu'avait le magnétisme dans le traitement des maladies. — « Après de nombreuses cérémonies, dit-il, les malades enveloppés dans des peaux de béliers, étaient portés dans le sanctuaire du temple où le dieu leur apparaissait en songe et leur révélait les remèdes qui devaient les guérir. Lorsque les malades ne recevaient pas les communications divines, des prêtres, appelés oneiropoles, s'endormaient pour eux et le dieu ne leur refusait pas le bienfait demandé ». — Vous avez là, Messieurs, la somnambule et le consultant.

A mesure que la notion de deux principes spirituels opposés — celui du bien et celui du mal — s'étendait dans l'humanité et que la pensée,

2

qui fut surtout une pensée aryenne, de la possibilité d'incarnation de ces principes dans des êtres animés ou inanimés fut généralement acceptée on admit que l'homme pouvait être en communication avec des esprits bons ou mauvais.

Pendant tout le moyen-âge et jusqu'au XVIIIᵉ siècle, pendant toute cette période de chaude passion religieuse, il était naturel de trouver des esprits déséquilibrés qui, en s'hypnotisant eux-mêmes, en se suggestionnant eux-mêmes, croyaient avoir avec le démon des relations intimes, tout comme de nos jours les hystériques démonomanes d'Italie, de Montpellier, de Rochefort, de Bordeaux et de Mazargues déclarent avec orgueil être l'instrument de Satan. Leur manière de procéder est toujours la même ; elles commencent par se particulariser par un mysticisme religieux excessif et *toujours incompris* et finissent d'ordinaire par un scandale retentissant. C'est d'abord de la pseudo-mystique divine et plus tard de la mystique diabolique aussi subjective l'une que l'autre.

Ces démonomanes formaient plus particulièrement la catégorie des sorciers que les Parlements frappaient avec une implacable rigueur. Trouvait-on sur leur corps la plaque insensible, (plaque d'anesthésie hystérique) que l'on appelait *sigillum* ou *stygma diaboli*, la possession était évidente ; mais avant l'exécution il fallait l'aveu de l'accusé et la dénonciation de ses complices.

A cet effet on procédait à la torture sous laquelle le malade mourait s'il n'avouait pas, tandis que le bûcher l'attendait après les aveux !

Parmi le long et lugubre cortège de victimes faites ainsi par les Parlements, vous distinguez une de nos gloires nationales les plus pures dont tout le crime fut d'avoir sauvé la France en écoutant les voix qui inspiraient son héroïsme.

L'ignorance alors et le fanatisme se prêtant un mutuel appui, le sinistre parfois engendrait le comique. C'est ainsi que lorsque l'épidémie hystérique se propagea des Ursulines de Loudun aux religieuses de Louviers, l'une d'elles, la sœur Bavan, accusa le saint curé Picard, mort depuis fort longtemps, et son successeur Boullé de les avoir ensorselées. Le cadavre fut exhumé, le mort et le vivant comparurent devant le Parlement de Normandie et tous deux furent condamnés à être brûlés vifs !

Ceci, Messieurs, ne se passait point dans les ténèbres de la barbarie ; les esprits, au contraire, étaient cultivés ; c'était l'époque où un autre enfant de Normandie, Pierre Corneille, dotait de ses premiers chefs-d'œuvre la France et la littérature.

Pour accroître l'exaltation de leur état mental et en assurer les effets, les adeptes ou les victimes de la sorcellerie se frictionnaient le corps avec des onguents divers qu'ils se transmettaient dans le mystère. Ces onguents, que l'on disait composés de foie d'enfants morts sans baptême et d'extraits de mandragore et de belladone, avaient la propriété de produire des hallucinations persistantes et enchaînées.

Aussi les rapports qui vous ont été transmis par des témoins oculaires, parmi lesquels se distingue par sa clarté celui d'un Père Oratorien, Louis Débonnaire, prouvent bien que tous les sorciers, toutes les convulsionnaires dont il donne la description, étaient des empoisonnées par les solanées vireuses, des hystériques, des cataleptiques ou des somnambules, douées parfois même d'une grande lucidité, et chez qui l'auto-magnétisme et l'auto-suggestion jouaient un rôle absolument prépondérant.

En changeant de siècle, le merveilleux change de forme. Les convulsionnaires succèdent aux sorciers.

Vers le milieu du XVIIIe siècle éclate sur le tombeau du diacre Paris la plus formidable des épidémies de folie convulsive qui ait été vue depuis la sorcellerie. Tout Paris accourt au cimetière de Saint-Médard pour participer aux frissonnements, aux crispations, aux tremblements. « Malades ou non, dit Figuier, chacun prétendit convulsionner et convulsionna à sa manière. Ce fut une danse universelle, une véritable tarentelle. Bientôt les provinces elles-mêmes, jalouses des faveurs que le prétendu Saint distribuait sur son tombeau, vinrent en réclamer leur part, apportant à la représentation le contingent de leurs originalités locales. »

Les esprits, vous le voyez, étaient bien préparés pour se laisser impressionner par la séduisante théorie du fluide universel que Mesmer développait avec enthousiasme. Son originalité fut de prétendre avoir mis la main sur ce principe et de pouvoir à son gré le diriger sur le malade.

Ses succès retentissants et peut-être aussi sa conviction l'amenèrent à demander à l'Académie des Sciences et à la Société Royale de Médecine une enquête sur ses expériences.

Ce fut le signal d'une longue lutte au sein même de l'Académie dont trois commissions nommées à de longs intervalles déposèrent des rapports contradictoires.

Le premier, en 1784, lui fut hostile ; le second en 1825, après cinq années d'études lui fut favorable, et le dernier, en 1837, lui fut tellement contraire que l'Académie à une grande majorité décida d'enterrer définitivement la question.

Quatre ans après, en 1841, Braid, chirurgien à Manchester, assistant aux expériences de Lafontaine, magnétiseur suisse, se convainquit que les phénomènes présentés par les sujets étaient réels quoique étranges ; mais il ne trouva aucune raison d'admettre avec Lafontaine qu'ils fussent la conséquence d'une action personnelle de l'opérateur sur l'opéré par l'intermédiaire d'un fluide magnétique.

Il pensa que cet état était simplement un état subjectif indépendant de toute influence venue du dehors et jeta ainsi les bases de l'hypnotisme tel qu'il est compris aujourd'hui.

La cause du sommeil produit par les passes magnétiques devait être d'après Braid recherchée dans la fixité du regard du sujet dont le résultat est d'épuiser et de paralyser les centres nerveux dans les yeux et leurs dépendances. L'expérience confirma bientôt son interprétation. Braid ne s'en tint pas là ; il poussa plus loin ses investigations : la plus importante de ses découvertes est relative aux effets que produit une attitude communiquée sur les sentiments du sujet. Si l'on donne, en effet, à un hypnotisé l'attitude de la colère en lui fermant ses propres poings, tous les traits de sa physionomie prennent une expression menaçante. Ainsi des autres passions qui peuvent être éveillées par les attitudes données au corps. Il se produit là, bien évidemment, tout une série de réflexes généralisés qui s'harmonisent avec l'attitude de l'organe qui en est la source incitatrice.

Telles sont, d'après MM. Binet et Feré, les deux grandes découvertes de Braid : mais il a constaté, en outre, que le sommeil n'a pas toujours les mêmes caractères et qu'il se compose d'une série d'états variant depuis une légère rêverie jusqu'au sommeil le plus profond. Il a vu que le souffle sur la face a pour effet singulier de changer l'état hypnotique du sujet et qu'un second souffle détermine le réveil. Il a vu aussi que les sens et notamment le toucher, l'odorat et l'ouïe, peuvent atteindre chez les hypnotisés une hyperacuité des plus remarquables. Cette modification sensorielle lui a même paru capable d'expliquer rationnellement quelques-uns des effets merveilleux obtenus par les magnétiseurs de profession. Enfin il a observé le pouvoir de la suggestion verbale pour provoquer des hallucinations, des émotions, des paralysies.

Les auteurs que nous venons de citer pensent même que la suggestion à l'état de veille ne lui avait pas échappé. Braid a ainsi entassé tous les matériaux qui ont servi aux écoles de Nancy et de la Salpêtrière pour élever l'hypnotisme à la dignité d'une science.

L'école de la Salpêtrière admet trois états différents dans le sommeil artificiel :

1° La léthargie ou sommeil profond, avec résolution musculaire, anesthésie et abolition de la vie intellectuelle.

2° La catalepsie, dans laquelle le sujet garde toutes les attitudes qui lui sont imprimées.

3° Le somnambulisme caractérisé par l'anesthésie et en même temps l'hyperacuité sensorielle, surtout la possibilité de produire chez le sujet toutes les hallucinations et les suggestions.

Pour l'école de Nancy, il est un état antérieur au sommeil où les yeux sont ouverts, la volonté abolie, les mouvements ou attitudes cataleptiques conservés, qu'elle appelle veille somnambulique ou sommeil vigil. Ce n'est ni le sommeil hypnotique ni le charme de Liébault, ni l'état de fascination de Brémaud, mais un état intermédiaire.

Ces trois états : léthargie, catalepsie, somnambulisme correspondent : le premier à des troubles de sensibilité : le second à des troubles de sensibilité et de mouvement ; le troisième à des troubles psychiques, en même temps qu'il y a altération de sensibilité et de mouvement.

On produit l'hypnotisme par l'excitation lente et douce ou violente et brusque du sens de la vue, de l'ouïe ou en agissant sur la sensibilité cutanée. Le plus communément on fait fixer un objet brillant ou non, réel ou fictif placé assez près et un peu au-dessus des yeux, de façon à produire un strabisme convergent et supérieur.

Un autre procédé consiste à fixer avec les yeux de l'esprit, par un effort de concentration, d'absorption intérieure, non plus un point idéal mais l'esprit d'un mort que l'on évoque et c'est ainsi, à mon sens, par ce phénomène d'auto-hypnotisme, d'auto-somnambulisme, que procèdent les spirites pour former les médiums.

Dans leurs exercices de tables tournantes, qui représentent un genre

3

particulier de suggestion en commun, il est aisé de constater, comme l'a fait Tyndall, si l'on interpose de petits appareils entre les mains et la table, que le mouvement commence par les mains des expérimentateurs, et qu'il n'y a donc pas d'esprit dans la table.

Quel que soit le procédé employé pour produire le sommeil, le premier effet obtenu est la léthargie. Si l'on soulève les paupières d'un léthargique, on le met en catalepsie et réciproquement on fait retomber le cataleptique en léthargie en lui fermant les yeux.

Pour passer de la catalepsie au somnambulisme il faut remettre le sujet en léthargie, puis frictionner ou faire des passes sur son vertex.

On peut aussi créer des états mixtes et produire, par exemple, la catalepsie d'une moitié du corps et la léthargie de l'autre moitié. On peut de même dédoubler le sujet lorsque deux personnes à la fois le mettent en somnambulisme, en excitant chacune une moitié de son vertex ; l'œil, la main, l'ouïe de chaque côté seront en rapport avec un des magnétiseurs et pas avec l'autre.

Pendant la léthargie, tous les sens sont éteints, à l'exception parfois de l'ouïe, comme dans le sommeil naturel. Pendant la catalepsie, les sens spéciaux se réveillent partiellement, le musculaire notamment retrouve une étonnante activité. La passivité psychique est absolue ; les suggestions sont fatales, jamais le sujet n'y résiste (car il n'y a pas de *moi* cataleptique), c'est de l'automatisme pur. Enfin le somnambulisme exalte les facultés intellectuelles et produit l'hyperacuité des sens de la vue, de l'ouïe et du toucher. Le jugement est très droit, le raisonnement correct et logique. Ce qui frappe surtout c'est la puissance de déduction ; la machine intellectuelle du somnambule, lorsqu'il est lucide, opère infiniment mieux qu'à l'état de veille mais on n'aura aucune donnée pour savoir si le sujet est lucide ou halluciné. La mémoire, surtout la partie de la mémoire qui produit le rappel des souvenirs (c'est-à-dire la faculté de recollection) est surexcitée à un degré qui dépasse le vraisemblable.

Je ne saurais mieux faire, pour vous donner une idée juste de ce sommeil hypnotique, que de le comparer au sommeil naturel. Les fonctions psychiques surtout sont de tout point identiques, avec plus d'acuité et de suite dans le sommeil hypnotique.

Vous savez tous quel degré de lumière a notre esprit, dans certains rêves, quelle puissance ont nos instincts ? — De leur association résulte parfois une étonnante finesse de pressentiment, d'intuition, de divination : nous résolvons des problèmes dont la solution nous avait échappé à l'état de veille ; le moins bien doué prononce des discours dont l'éloquence fait rêver aux plus beaux jours de la littérature. Nous devenons sans efforts et avec un égal succès, poète, général ou savant.

Comme dans le sommeil provoqué, tout s'actualise ; la notion de temps et d'espace s'évanouit ; ce qui les distingue c'est que dans le sommeil naturel nous suivons nos propres idées, nous subissons nos souvenirs et nos impressions, tandis que dans l'état hypnotique notre volonté est paralysée et celle du magnétiseur absolument prépondérante.

Dans les divers états hypnotiques, à mesure que l'exaltation fonctionnélle se concentre sur un groupe musculaire ou un centre encéphalique, il se produit soit la paralysie des autres muscles, soit l'inhibition, la paralysie des autres centres encéphaliques et cela à un degré tel que Baunis a pu dire que les phénomènes hypnotiques ne sont qu'un déplacement de force nerveuse accumulée dans l'encéphale et soumise à la direction imprimée par l'hypnotiseur. Cette subordination de l'hypnotisé est telle que ce qui le caractérise c'est, je le répète, sa *passivité*, son absence de *personnalité*, de *volonté*. Il était libre de résister à l'hypnotisme, mais après s'être livré il n'est plus libre d'en arrêter les conséquences.

Le somnambule, dit Cullère, exécute tous les mouvements suggérés : il se lève, marche, va, vient, court, danse au gré de l'hypnotiseur. Il est susceptible de toutes les illusions, de toutes les hallucinations provoquées ; il prendra du sel pour du sucre, de l'eau pour du vinaigre ; il entendra, si on le lui commande, le chant des oiseaux, une musique délicieuse. On peut rendre l'hypnotisé sourd, muet ou aveugle d'un œil ou des deux ; on peut lui faire perdre le sentiment de son sexe et changer une femme en homme, en général, en évêque.

On a même dit que l'image fictive produite par suggestion est susceptible d'être dédoublée par le prisme comme une image réelle ! Mais une observation plus perspicace a prouvé que ce dédoublement tient uniquement à ce que l'hypnotisé perçoit avec une grande netteté tous les objets réels qui entourent l'image fictive et, ceux-ci étant dédoublés par le prisme, l'hypnotisé dédouble en même temps l'image fictive ; mais si l'on fait fixer une image fictive dans le ciel pur, cette image n'étant pas entourée de points de repère ne sera pas dédoublée.

Si l'on a affaire à un sujet de choix et bien entraîné on pourra lui faire des suggestions à l'état de veille, il pourra lire les pensées, on pourra même produire sur lui des altérations organiques telles que la vésication, les stigmates. Ainsi que l'ont constaté MM. Faucachon, Bernheim, Liégeois, Baunis de Nancy sur Mlle E., M. Legrand de Rochefort sur un soldat d'infanterie de marine et après eux beaucoup d'autres expérimentateurs.

Ces faits sont nombreux aujourd'hui et il est aisé d'en donner une explication naturelle. Il suffit, en effet, de produire telle paralysie du système nerveux pour obtenir sur la peau des vésicules, des ulcères, des gangrènes. — Or, cette paralysie, la suggestion la produit aussi bien dans un nerf périphérique que dans un centre encéphalique. — L'auto-suggestion agira de même dans le somnambulisme spontané. J'ai vu dans ce genre une extatique stigmatisée qui était l'objet de la pieuse admiration d'un grand nombre et qu'une enquête rigoureuse suivie de mesures disciplinaires très sages prises par l'autorité ecclésiastique a fait descendre de la scène merveilleuse où elle se plaisait à jouer.

Toutes les paralysies, toutes les perturbations sensorielles, l'hypnotiseur peut les transposer soit par la volonté, soit simplement par l'apposition d'un aimant. — Nous nous rapprochons encore par là des expériences de phréno-hypnotisme de Braid qui, vous le voyez, a laissé à ses successeurs bien peu de choses à découvrir.

Ces suggestions et ces troubles sensoriels peuvent, au gré du magnétiseur, être donnés pour la durée du sommeil ou réalisables à longue échéance, sans qu'il y ait au réveil chez l'hypnotisé aucune souvenance de l'ordre donné, de l'injonction faite, de la suggestion de l'image ou de l'idée.

La détermination paraît libre à l'hypnotisé, tandis qu'elle est fatale. A sa volonté propre, qui est paralysée, s'est substituée celle de l'hypnotiseur et il est poussé par une succession d'images fictives qui ne sont autre chose que des hallucinations provoquées.

On peut donc produire des paralysies partielles ou totales de la volonté comme on peut paralyser un membre, un muscle, un organe ; on peut produire des hallucinations persistantes portant sur un point déterminé et dire au patient. « A votre réveil, M. A., que vous connaissez bien, changera de sexe et deviendra pour vous Mlle B et au réveil la suggestion se réalise. — Tout comme nous voyons tous les jours certains malades parfaitement lucides conserver une hallucination partielle et parfois persistante à la suite seulement d'un rêve qui les a vivement impressionnés ! J'ai vu récemment un fait de ce genre : Un monsieur, raisonnant juste sur tout autre point, a pris pendant 48 heures sa femme pour une ancienne domestique qui avait dévalisé sa maison. Remplacez l'impression produite par le rêve par l'impression beaucoup plus profonde que produit la suggestion et le phénomène aura une explication naturelle — Ceci prouve que la puissance du magnétiseur sur le magnétisé est incommensurable et l'on découvre sans peine les criminelles conséquences que pourrait avoir l'exercice d'un pareil pouvoir par des mains malhonnêtes.—Dans cet ordre, en effet, tout est possible : l'honneur, la vie, la fortune du sujet, sont à la merci du magnétiseur — ainsi un chenapan endort une jeune fille convoitée et lui dit : « Dans six mois vous exigerez de vos parents l'autorisation de m'épouser. » Au réveil, la malheureuse victime ne se souvient de rien ; mais, mue par cette idée qui a été jetée dans son cerveau comme une semence, elle invente les expédients les plus habiles pour arriver à l'exécution de l'ordre reçu. On pourra de même suggérer de faux témoignages et dépouiller une famille avec le plein consentement apparent et légal du donateur !

A la vérité, la science possède le moyen de reconnaître si un acte, libre en apparence, a été accompli par suggestion.—Mais dans la plupart des cas, il sera trop tard.

Revenons aux procédés d'hypnotisation. — Depuis Braid, les savants emploient la fixation du regard de la part du sujet et pensent que tout est là. Ceux qui ne sont pas des savants gardent l'ancienne manière de l'imposition des mains, des passes, des accumulations, des dégagements de fluide, la fascination ou le procédé d'absorption intérieure adopté par les spirites.

La fixation du regard n'est pas un procédé nouveau. Les prêtres égyptiens procuraient à leurs fidèles des apparitions surprenantes en leur faisant regarder des triangles noirs entrecroisés sur un fond blanc. La contemplation du dieu Apis donnait l'exaltation prophétique. Les Fakirs de l'Inde arrivent à la catalepsie en regardant le bout de leur nez et à l'extase en fixant dans l'espace un point imaginaire.

La méthode la plus prompte pour endormir par ce moyen est de projeter sur le front un rayon électrique couleur indigo.

La possibilité d'endormir par simple fixation du regard sur un corps quelconque a conduit les savants à nier l'existence même du fluide magnétique. Mais les preuves données sont-elles de nature à entraîner la conviction ? Ce n'est pas notre opinion. Déjà Laplace et de Jussieu avaient refusé d'adhérer complètement au rapport de Bailly qui concluait à la non-existence du fluide magnétique.

Assurément il n'est pas difficile de convaincre d'erreur les magnétiseurs de profession. lorsqu'ils prétendent, par des passes, aimanter le fer doux ou renverser les pôles d'un aimant. — Nous avons essayé de reproduire leurs expériences sans le moindre succès ; mais de ce que nous ne possédons pas d'appareil enregistreur de cette force nous ne concluons pas à sa non-existence. Contestera-t-on la force de l'amitié, de l'affection, de la tendresse maternelle, de la pensée parce qu'aucun galvanomètre ne la révèle ? Et pourtant il doit exister un rapport entre la force dynamométrique de l'âme et la force dynamométrique d'un muscle, puisque l'une et l'autre ont pour condition de leur manifestation des échanges moléculaires, autrement dit, de la physico-chimie ! .

En second lieu, n'est-on pas frappé d'une chose ? c'est que quel que soit le procédé d'hypnotisation employé, le sujet reste uniquement en rapport avec celui qui lui a ordonné de s'endormir et n'entendra aucune des personnes présentes, excepté si le magnétiseur a transmis ses pouvoirs à cette personne ? Il y a bien là autre chose, vous l'avouerez, qu'un simple épuisement d'innervation comme on l'admet depuis Braid.

Enfin les effets sont-ils les mêmes par les diverses méthodes ? On admet généralement que non et que le procédé de la fixation du regard donne plus vite l'insensibilité et la catalepsie tandis que l'imposition des mains donne plutôt le sommeil lucide. — Il semble donc que l'hypnotisme académique n'est que du magnétisme dépouillé de son plus séduisant et peut-être de son plus riche attribut (la lucidité) et réduit aux minimes proportions d'un procédé d'anesthésie et de suggestion.

J'ai parlé de la lucidité ! Est-il possible d'en concevoir une explication naturelle ? Je n'y vois à mon sens aucun empêchement et c'est le sens de la vue, celui précisément qui est le plus en cause dans le magnétisme qui me suggère cette interprétation.

Quand nous regardons un astre, l'étoile polaire, par exemple, ce n'est pas notre âme qui se rend à l'étoile polaire pour constater sa présence, non, c'est l'étoile polaire qui vient frapper aux portes de notre esprit.

Et comment s'accomplit ce merveilleux phénomène ? par une vibration d'éther.

Qu'est-ce que l'éther ?

Un fluide impondéré sinon impondérable dont la science n'admet la réalité que comme une hypothèse nécessaire à ses calculs — et nous n'en savons pas plus long — ce qui équivaut à dire que les calculs de la science pourraient bien être faux et que l'éther n'existe pas.

Et quel temps faut-il à cette vibration pour atteindre notre rétine ?

33 ans, en employant une vitesse de 75,000 lieues par seconde.

Notre système nerveux peut donc, dans son état normal, percevoir une vibration d'éther (c'est-à-dire quelque chose qui dépasse notre imagination par sa petitesse) se produisant à des milliards de lieues et mettant plusieurs dizaines d'années à nous parvenir ! Et nous ergotons ensuite sur l'étendue des phénomènes nerveux ! Et nous voyons des esprits trop pressés de conclure poser des barrières et formuler avec autorité : Ceci est de l'âme, ceci est des nerfs — mais scientifiquement nous n'en savons absolument rien !

Cette considération me paraît rendre compte des phénomènes bien positifs de somnambulisme lucide. — ils sont rares mais vous en connaissez tous. —

L'opinion régnante aujourd'hui dans la science est que, dans ces cas, il s'opère tout simplement, et souvent à l'insu du magnétiseur, de la suggestion mentale et que le magnétisé lit dans l'esprit du magnétiseur.

Permettez-moi de vous dire que j'ai de très bonnes raisons pour déclarer que je n'en crois rien et que bien réellement le somnambule lucide a l'impression directe des objets. Et d'ailleurs pourquoi serait-il plus facile de lire une pensée que de percevoir un objet ?

Je connais trois faits où la somnambule a soutenu le contraire de ce qui était la conviction du magnétiseur et a eu raison contre lui. Il n'a donc pas pu y avoir de suggestion mentale. Pas plus qu'il n'a pu y en avoir récemment chez un malade du service, hypnotisé par M. Guende, mon interne, et qui a décrit très exactement et *avant l'autopsie* le trajet suivi par la balle chez un suicidé.

Comment expliquer cette perception directe? Je ne dis pas vue directe (car le phénomène de la transposition des sens admis par les uns est rejeté par la plupart). Faut-il que l'âme se transporte sur les lieux ou qu'un esprit lui apporte des images ou lui souffle des descriptions et des réponses ? — Pas plus, à mon sens, que pour la vision de l'étoile polaire.

Tout corps, en effet, tout phénomène, par cela seul qu'il existe, impressionne et envoie des vibrations à tout ce qui l'entoure et nous avons vu si ces vibrations résistent au temps et aux distances ! On peut donc concevoir, si l'on suppose un certain état nerveux et si l'attention est dirigée sur ce point spécial, que le somnambule puisse être impressionné par ce qui se passe aux antipodes, tout comme nous le sommes par ce qui se passe à des milliards de lieues dans le monde sidéral.

Qui pourra dire d'ailleurs toutes les manières de sentir de la machine humaine ! Les applications de l'électricité encore dans leur berceau et pourtant si merveilleuses nous permettent déjà d'entendre un orchestre, d'écouter un opéra de Paris à Bruxelles, de correspondre téléphoniquement d'un bateau à un autre par l'intermédiaire de la mer et à des distances qu'on ne saurait limiter.

Ces transmissions et ces perceptions par des appareils relativement grossiers font pressentir, ce me semble, ce qu'on peut attendre d'un système nerveux particulièrement affiné et confirment la parole profonde de Shakespeare : « Crois bien que la Nature renferme plus de choses étonnantes que ce que ton imagination ne saurait en forger. »

Et pourtant le somnambulisme lucide est un fait que la science n'accepte pas et cela pour deux raisons :

1º Parce qu'il n'est pas constant ;
2º Parce qu'elle ne peut l'expliquer.

Ces raisons, vous l'avouerez, ne sont pas valables ! Nier la vertu et l'héroïsme parce qu'on n'en use pas et qu'on les comprend encore moins, ce n'est ni philosophique ni chevaleresque ! En regard de ces dénégations convaincues nous rappellerons que ceux qui croyaient au sommeil magnétique il y a dix ans seulement étaient des exceptions, *surtout parmi les savants, quant à la fatalité des suggestions personne n'y croyait !!!*

Mais ce n'est pas tout, et puisque je suis en rupture de ban avec la science officielle, il faut aller jusqu'au bout dans nos interprétations, tant que nous aurons un fait, une observation pour base.

Le somnambule lucide peut faire plus, à mon sens, que de décrire le présent ou le passé; il peut déduire l'avenir, ce qui est un genre de prévision.

Le fait que vous allez entendre s'est produit à Marseille, en 1867, dans le service de la maternité, à l'hôpital de la Conception, en présence de Mme Lochet, maîtresse sage-femme, et de trois ou quatre de mes camarades d'internat, aujourd'hui docteurs distingués.

Le sujet était une femme de la campagne, totalement inculte, qui était venue faire ses couches à l'hôpital. Pendant les suites, elle fut prise de crises de catalepsie précédées chacune de somnambulisme spontané.

C'était pendant l'Exposition de 1867. La nouvelle de l'attentat contre l'Empereur de Russie, au Jardin d'acclimatation, était arrivée, mais les détails étaient contradictoires. Je propose à mes camarades d'interroger cette femme et nous nous rendons auprès d'elle. Elle nous fait la description du Jardin, de la fête et au milieu de sa description, elle pousse un cri ; « Oh ! un coup de pistolet. » mais se rassure bientôt et nous dit tout ce qui s'était passé et qui fut confirmé par les nouvelles du lendemain.

Voyant que j'avais affaire à un sujet lucide, je lui dis: « Pourriez-vous voir l'avenir réservé à cette grande ville ? Fixez bien, tâchez de le pénétrer. » Après un moment de silence, elle dit en souriant : « Eh, on s'amuse, on rit. » — « Mais après? » — Elle ajouta encore : « On s'amuse, on rit, on fait des discours ! » — « Mais après ces discours, après ces amusements, après toutes ces fêtes, ne voyez-vous rien ? » — Son regard prit une expression inoubliable de profondeur ; ses mains se crispèrent, son visage blême et rétracté et sa respiration angoissée exprimaient une indicible souffrance ! ! Le premier cri qui s'échappa: « Oh ! la guerre, la guerre, oh ! quelle fusillade, quelle canonnade ! ! » puis, se retournant comme si elle se voyait entourée : « Que de vestes bleues, que de vestes bleues, quelle fusillade, quelle canonnade ! » Vint ensuite un moment de rémission et elle dit: « Ça se calme, ça se calme. Oh ! ça recommence, encore la fusillade, encore la canonnade et maintenant les flammes, les flammes sur toute la ville! » L'état somnambulique cessa pour faire place à la catalepsie.

Pour expliquer ce phénomène de prévision, faut-il admettre avec la plupart des spiritualistes que l'âme va puiser au sein de Dieu, par l'extase, la connaissance des choses encore à naître ? Ou peut-on en concevoir une explication naturelle ? Elle ne me paraît pas impossible et je vais la tenter.

A l'état de veille, nous sommes tous plus ou moins prophètes et tous les actes de notre vie, pour ainsi dire, sont influencés par un certain degré de prévision, et la différence entre un homme de jugement et celui qui en manque résulte surtout de l'appréciation plus ou moins juste de la part qui revient à chaque influence causale dans la production d'un phénomène à venir qui en est la résultante. Or, si nous

supposons — ce qui est indéniable — l'hyperacuité des organes médi-
tatifs et pensants chez le somnambule lucide, nous en conclurons qu'il
pourra prévoir avec infiniment plus de justesse, les phénomènes à venir
parce qu'il tiendra un compte plus juste de toutes les causes génératrices
et de leurs influences réciproques. Ajoutons à cela que la possibilité de
voir les faits actuels ou passés, peut fournir au somnambule des données
qui manquent à l'homme le plus perspicace. Ainsi, l'exécution de
Louis XVI, par exemple, et de Marie-Antoinette, a été pour tout le
monde un épisode fortuit de la grande tempête populaire, tandis
qu'elle avait été décrétée dans une Assemblée secrète tenue à Hambourg,
en 1785. De même l'Allemagne ou la France pouvaient avoir, en 1867,
arrêté le dessein d'entreprendre cette guerre, et nous savons que les
plans de campagne étaient depuis longtemps, avec leurs moindres
détails, dans les cartons de M. de Moltke.

Cette somnambule pouvait donc déduire de la situation des deux pays,
de notre infériorité militaire et de la puissante organisation de l'Allemagne, la possibilité de la réalisation de ces plans.

Envisagée sous ce point de vue, la prévision somnambulique se
résume donc à une succession de déductions intuitives. Et ce qui
nous confirme dans cette interprétation, c'est une objection qui est peut-
être dans l'esprit de beaucoup d'entre vous : Pourquoi, me direz-vous,
pourquoi une somnambule ne devine-t-elle pas le numéro gagnant à la
loterie ? C'est précisément parce que la prévision n'existe plus lorsqu'il
n'y a pas enchaînement et subordination rationnelle ou logique entre
les *causes génératrices* d'un phénomène.

Cette interprétation, ainsi que celle qui concerne le somnambulisme
lucide, aura pû paraître fantaisiste et excessive à plusieurs d'entre vous.
Je me garderai de blâmer de telles critiques ! Mais voici des faits qui
me paraissent encore plus extraordinaires ! Il ne s'agit plus de simples
vues de l'esprit, mais d'expériences faites par MM. Burot et Bourru,
présentées au Congrès de Grenoble, en 1885, et reproduites un grand
nombre de fois et avec plein succès par divers médecins et surtout par
MM. Legrand de Rochefort, et par le docteur Luys, médecin éminent
des hôpitaux de Paris, membre de l'Académie de médecine et auteur
d'ouvrages estimés sur la physiologie du cerveau.

Si toutes ces observations, dont quelques unes, sont publiées par
Luys dans la *Revue de l'Hypnotisme* du 1er Novembre 1886, ont été

analysées sans illusion, on ne saurait prévoir où l'on s'arrêtera dans cette voie d'étrangetés et de surprises !

On endort un sujet, et tandis qu'il est en léthargie, on place devant ou derrière lui une ampoule de verre scellée à la lampe et contenant un médicament qui y a été mis à son insu. Les effets normaux du médicament n'ont jamais manqué de se produire, même dans les cas où les expérimentateurs ignoraient le médicament contenu dans le tube. On ne saurait donc invoquer la suggestion mentale. « J'ai essayé, dit Luys, un grand nombre de substances appartenant tant au règne végétal qu'au règne animal ; j'ai expérimenté les mêmes subtances chez des sujets différents ; j'ai obtenu les mêmes réactions dans des conditions identiques d'expérimentation. »

La constance des effets obtenus a déterminé Luys à publier le résultat de ses recherches sur l'action des médicaments à distance. Recueil qui constituera un manuel thérapeutique où la consommation des remèdes sera encore moindre qu'en homœopathie ! ! !

Tous ces faits, ceux surtout qui concernent les suggestions, doivent être acceptés puisqu'ils sont vrais, sans préoccupation des problèmes qu'ils soulèvent ! Problèmes, d'ailleurs, peut-être plus étranges que profonds : dédoublement et substitution de personnalité, mystères du moi et du non-moi, naufrage du libre arbitre. Tous ces phénomènes dont une école voudrait tirer des conséquences psychologiques excessives, s'expliquent simplement par la paralysie de certains centres encéphaliques produite par l'hypnotiseur, tout comme l'accroissement de puissance intellectuelle ou musculaire s'explique par l'hyperexcitabilité neuro-musculaire ou l'hyperexcitabilité des régions motives et intellectuelles de l'encéphale !

Et si quelques personnes trouvent dans ces faits ou dans les interprétations que nous avons essayé d'en donner des motifs de craindre pour leurs convictions philosophiques ou leur foi religieuse , qu'elles veuillent bien se rassurer ! ! Rien, en effet, dans aucune science, n'est susceptible, de l'avis des savants les plus illustres, de porter atteinte au spiritualisme le plus épuré, si l'on veut bien s'élever à la conception la plus large de la doctrine, celle qui s'inspire de cette simple et grandiose formule donnée par le cardinal Wissemann et qui nous apprend que Dieu étant l'auteur de notre religion aussi bien que de la Nature il ne saurait avoir mis la contradiction dans ses œuvres ! !

Je vous ai dit, Messieurs, le peu que je sais ou que j'ai pu conjec-
turer sur l'hypnotisme ; voyons rapidement quelles peuvent en être les
applications !

Je serai très bref, car je crois l'utilité du magnétisme minime et
contestable.

En chirurgie, comme procédé d'anesthésie, il n'est pas près de
détrôner l'éther et le chloroforme pour les opérations longues ou le
protoxyde d'azote pour les opérations rapides. D'ailleurs, Braid lui-
même, reconnaît que l'anesthésie utile au chirurgien ne pourra être
obtenue, chez la plupart des sujets, qu'après une série de séances. De
plus, ainsi que le font observer Philips et Mathias Duval, on ne doit
jamais opérer un malade sans son consentement formel ; or, le
magnétisme serait souvent irréalisable sur un sujet ému par la
perspective d'une opération imminente.

Servira-t-il davantage à la médecine ?

Nous avons vu dans le cours de ce travail que l'on peut par suggestion faire prendre un breuvage affreux pour un nectar délectable ; de
même on donnera de l'eau claire pour un vomitif, un globule de sucre
de lait pour une pilule d'opium et si la suggestion est bien faite, elle
pourra, dans certains cas, produire l'enchaînement des phénomènes
physiologiques attendus ! Les pilules de mie de pain qui purgent ou
font dormir, au gré du docteur, prouvent la réalité de ces suggestions à
l'état de veille. Et d'ailleurs toute une médecine, qui compte assurément
des succès, est basée sur ce principe qu'on ne saurait cependant
raisonnablement maintenir qu'à titre d'exception.

Si l'on veut éviter de dangereuses erreurs, on devra réserver
l'hypnotisme au traitement de certaines névropathes dont tout le mal
consiste dans une inégale répartition de la force nerveuse. Certaines
névralgies, certaines congestions dues à de l'hystérie viscérale, des
contractures, la catalepsie, l'anorexie et l'insomnie hystériques
pourront être avantageusement modifiées et, dans ce cas, le procédé
d'hypnotisation auquel on devra donner la préférence est celui de
douceur et de persuasion préconisé par Bernheim.

Mais ces avantages eux-mêmes seront bien infimes si nous les
comparons aux inconvénients que pourrait avoir le magnétisme érigé
en méthode thérapeutique générale.

Si l'on s'avisait d'entrer dans cette voie, l'hystérie elle-même, que le magnétisme prétend guérir, reparaîtrait bientôt sous forme épidémique comme dans les siècles passés !

Si l'on dispose d'un sujet lucide, ce qui, je le répète est toujours rare, le somnambulisme pourra servir à retrouver les objets perdus ou volés — ce n'est pas transcendental mais c'est utile ! et dans cet ordre, un objet devenu presque introuvable et dont la découverte consolerait la société, c'est le criminel ! Il y aurait donc parfois avantage à être éclairé ou dirigé dans sa recherche.

Certains esprits qui me paraissent plus engoués que clairvoyants soutiennent que l'hypnotisme est la méthode par excellence de psychologie expérimentale et d'éducation.

On raconte qu'un jeune garçon, paresseux fieffé et insupportable, devient, sur l'ordre du magnétiseur, le plus charmant et le mieux doué des enfants !

Malgré de telles merveilles, je vous engage à ne pas renoncer encore à la vieille méthode d'éducation. On continuera à faire de même en psychologie ! L'abolition de la volonté par l'hypnotisme ne nous éclaire pas plus sur les fonctions de l'âme que sa suspension par l'alcool, le chloroforme, la passion, la folie. Dira-t-on que la suggestion a servi du moins à démontrer la vérité de cette parole de Spinosa : « La croyance en notre liberté n'est que l'ignorance des motifs qui nous font agir ? » A coup sûr nous n'avions pas besoin de l'hypnotisme pour savoir que cette formule est l'exagération d'un fait connu de tous les philosophes, et longtemps avant l'hypnotisme moderne, longtemps avant Spinosa, Saint-Clément avait dit : « Quiconque veut chercher en lui-même la vérité est induit à errer, parce que nos sentiments se réfléchissent dans nos conceptions de telle sorte que le fruit de nos réflexions — et par suite de nos déterminations — n'est autre chose que l'extrait de nos désirs. »

Cette phrase est la reconnaissance explicite de l'auto-suggestion.

Mais revenons sur cette question et sur la parole de Spinosa, et sur ce fait grave, épouvantable et *nouveau* que nous aurait révélé l'hypnotisme, à savoir : que l'homme n'est pas libre !

Il faut toujours se défier des prétendues découvertes qui vont à l'encontre de sentiments naturels, fussent-elles l'œuvre de savants fameux.

Pour moi, je vois dans tous ces faits la démonstration victorieuse du contraire ; je vois que l'homme, maître de sa personnalité, peut la soumettre, la subordonner, la *donner* à un degré que la philosophie ne soupçonnait pas ! et c'est alors seulement qu'il s'est donné que s'opère ce phénomène étrange de substitution de la personnalité. — L'injonction faite par l'hypnotiseur tombe comme une semence dans le cerveau de l'hypnotisé et y devient un désir, un besoin intime, profond, immanent ! et toutes ses facultés, toutes ses énergies se subordonnent à cette dominante.

Mais *une fois qu'a été accompli l'acte pour lequel le sujet s'est donné*, s'il veut se ressaisir, se reprendre, redevenir maître de lui-même, briser le charme fascinateur, *un acte de volonté lui suffit !*

« Vous êtes un farceur et vous ne pourrez plus rien sur moi » a dit à un hypnotiseur célèbre, un jeune homme qui en était arrivé à subir des suggestions à l'état de veille !

L'homme est donc libre, c'est-à-dire maître de lui et libre de la liberté la plus absolue puisqu'il peut se donner et se reprendre ! Cette conclusion, était fatale, Messieurs, car elle répond à notre sentiment intime.

Si pour nous résumer nous embrassons l'hypnotisme d'un coup-d'œil général et si nous jetons dans la balance le bien et le mal qu'il a faits ou peut faire nous sommes frappés de la petitesse de son effet utile et honnête, comparé à ses inconvénients et à ses périls !

Aussi, bien que nous regardions comme profitable qu'un petit groupe de savants en continuent l'étude, que quelques médecins y aient recours dans des cas très exceptionnels, que la justice l'emploie, uniquement pour s'orienter dans ses recherches, — nous estimons que l'on doit en blâmer avec sévérité les exhibitions publiques, où tout conspire pour en imposer, et dont l'effet est de porter le trouble dans trop d'esprits et d'y atténuer le principe de la responsabilité.

Marseille — Typ. et Lith. Barlatier-Feissat

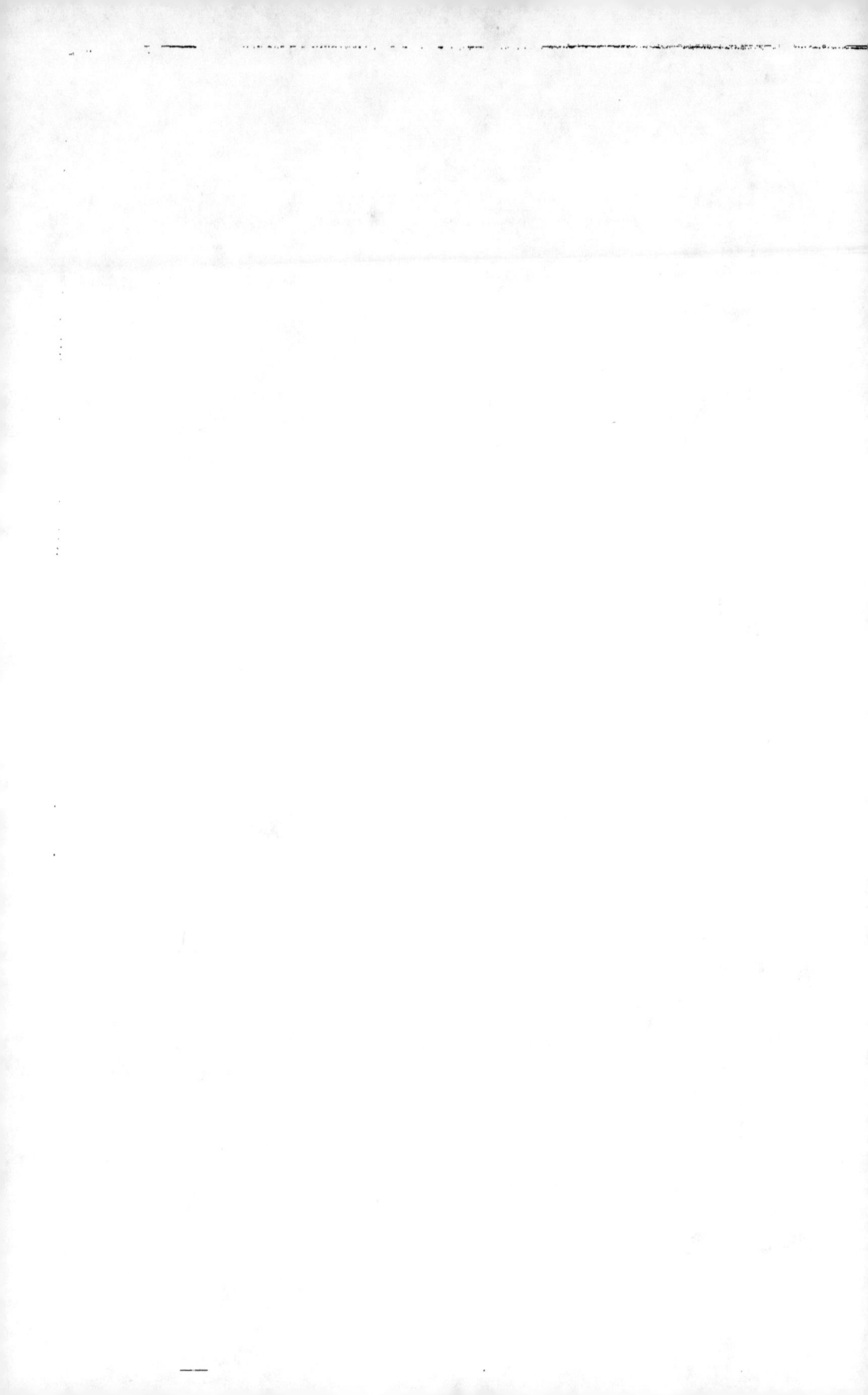

www.ingramcontent.com/pod-product-compliance
Lightning Source LLC
Chambersburg PA
CBHW060502200326

41520CB00017B/4888